图书在版编目（ＣＩＰ）数据

天地之间，睡梦之时 : 动物宝宝养育之书 . 看！动
物宝宝在哪里？栖息之书 / (美) 凯瑟琳·O. 加尔布雷思
著 ; (美) 约翰·巴特勒绘 ; 张玫瑰译 . -- 成都 : 四
川科学技术出版社 , 2023.5
　　ISBN 978-7-5727-0871-8

　　Ⅰ . ①天… Ⅱ . ①凯… ②约… ③张… Ⅲ . ①动物 -
儿童读物 Ⅳ . ① Q95-49

　　中国国家版本馆 CIP 数据核字 (2023) 第 024326 号
　　著作权合同登记图进字 21-2022-394 号

First published in the United States under the title WHERE IS BABY? by Kathryn O. Galbraith, illustrated
by John Butler. Text Copyright © 2013 by Kathryn O. Galbraith. Illustrations Copyright © 2013 by John
Butler. Published by arrangement with Peachtree Publishing Company Inc. All rights reserved.

天地之间，睡梦之时：动物宝宝养育之书
TIANDI ZHI JIAN，SHUIMENG ZHI SHI：DONGWU BAOBAO YANGYU ZHI SHU

看！动物宝宝在哪里？栖息之书
KAN！DONGWU BAOBAO ZAI NALI？ QIXI ZHI SHU

著　者	[美]凯瑟琳·O. 加尔布雷思
绘　者	[英]约翰·巴特勒
译　者	张玫瑰
出 品 人	程佳月
内容策划	孙铮韵
责任编辑	张湉湉
助理编辑	朱　光　钱思佳
封面设计	梁家洁
责任出版	欧晓春
出版发行	四川科学技术出版社
地　址	成都市锦江区三色路 238 号　邮政编码 610023
	官方微博 http://weibo.com/sckjcbs
	官方微信公众号 sckjcbs
	传真 028-86361756
成品尺寸	210 mm × 245 mm
印　张	2.5
字　数	50 千
印　刷	河北鹏润印刷有限公司
版　次	2023 年 5 月第 1 版
印　次	2023 年 5 月第 1 次印刷
定　价	180.00 元（全 4 册）

ISBN 978-7-5727-0871-8

看！动物宝宝在哪里？
栖息之书

[美] 凯瑟琳·O.加尔布雷思/著

[英] 约翰·巴特勒/绘

张玫瑰/译

四川科学技术出版社

谨以此书献给杰克和他的姐姐艾玛以及 苇夫。
　　　　　　　　——凯瑟琳·O.加尔布雷思

献给我的妻子凯瑟琳，她为家人付出许多，却很少为 己考虑。
　　　　　　　　——约翰·巴特勒

宝宝在哪里？

在毯子里面吗？

在桌子底下吗？

在椅子后面吗？

在走廊上吗？

在楼上吗？

有的宝宝会出现在不寻常的地方。

鹿宝宝隐没在春光斑驳的花海间。

兔宝宝一动不动地坐在高高的青草丛中。

知更鸟宝宝一声不响地蜷缩在枝头。

豹宝宝爬上高高的树枝。

水獭宝宝利落地跳入水中。

北极熊宝宝隐藏在漫天飞雪中。

象宝宝被象腿围成的"密林"给遮住了。

土拨鼠宝宝钻进了洞里。

狼宝宝冲回了窝里。

蝙蝠宝宝倒挂在安静、阴暗的
洞穴中。

鸵鸟宝宝伏在沙地上，小脑袋贴近地面。

但是，

不管宝宝在哪里，

在天上，

在地下，

在上蹿，在下跳，

宝宝都不用害怕。

因为，妈妈知道在哪里能
找到宝宝！

动物宝宝知多少

鹿宝宝出生十分钟后，就能靠细长的腿站立行走。

兔宝宝刚出生时没有毛，什么也看不见，十天后才能睁开眼睛。

知更鸟宝宝刚出生时，体重比一枚一元硬币还轻呢！

豹宝宝刚出生时会被妈妈藏起来。等它们长大了，学会捕食了，妈妈才会放它们出去。

水獭宝宝刚出生时很怕水，差不多三个月大时才学会游泳。

北极熊宝宝刚出生时重约0.45千克，成年后可以重达295~635千克！

象宝宝一出生就是个"巨婴"，重约113千克，每天喝11升左右的母乳！

土拨鼠妈妈一胎产3~5只小宝宝。宝宝们要等到6周大才能离开洞穴。

蝙蝠宝宝和妈妈一样，倒挂在洞穴里睡觉。

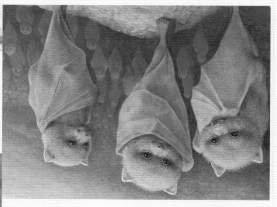

狼是群居动物。狼群外出捕食时，会留下一只狼看护狼宝宝们。

鸵鸟蛋可大了，一颗重约1.4千克，相当于24颗鸡蛋。

人类宝宝一出生，就能记住妈妈的味道和声音，等到6周左右大，才能记住妈妈的脸。